KB068174

To. 참 소중한

______________________ 에게

이 책을 선물합니다.

From. ______________________

엄마가 아이에게 해주는
세상 가장 따뜻한 말 55

텔레토비, 엄마의 칭찬 연습

텔레토비 원작

RHK
알에이치코리아

프롤로그

아이를 어떻게 잘 키울 수 있을까? 모든 엄마들의 고민이죠. 아이는 엄마의 말과 행동을 그대로 따라하는 스펀지와도 같아요. 그래서 엄마의 행동 하나하나가 아이에게 어떤 영향을 미칠지 조심스러워지고, 말 한마디도 아이 성장에 도움될 만한 말을 찾게 되더라고요.

아이에게는 아이의 마음을 움직이는 따뜻한 격려와 응원의 말이 필요해요. 사랑스럽게 아이 성장을 지켜보면서 아이 마음의 자양분을 심어주는 것이 필요하죠.

텔레토비 친구들은 행동이 느리고 말을 많이 하지 않아요. 그런데 이런 모습을 아이들이 좋아하는 이유는 무엇일까요? 영국 BBC가 육아교육전문가와 함께 아동의 심리와 행동을 연구했어요. 그 결과, 아이들은 천천히 단순하게 배우는 것이 중요하다는 것을 발견했지요.

꼬꼬마동산의 동화 같은 모습은 아이들에게 평화로움을 선물하고, 텔레토비 친구들의 느리지만 반복되는 말과 행동은 아이들의 속도에 맞춰서 더 친숙하고 사랑스러울 수밖에요.

《텔레토비, 엄마의 칭찬 연습》은 이런 점에 착안하여 엄마가 아이에게 반복해서 칭찬의 말을 읽어줄 수 있도록 만든 책이에요. 엄마와 아이가 함께 볼 수 있도록 텔레토비 원작그림과 이미지를 넣어 엄마는 어릴 적 봤던 텔레토비의 추억을 되살리고, 아이는 엄마가 읽어주는 따뜻한 칭찬의 말로 스스로 마음을 지키고 행복과 용기를 키울 수 있답니다.

자, 오늘부터 아이와 함께 천천히, 단순하게, 반복해서, 이 책의 따뜻한 칭찬의 말을 따라해볼까요?

CONTENTS

1장

아이에게 행복을 전하는 말 연습

2장

아이의 용기를 키우는 말 연습

3장

아이의 마음을 지키는 말 연습

4장

아이의 자존감을 높이는 말 연습

1장
TELETUBBIES

아이에게 행복을 전하는 말 연습

엄마는 네게 반해버렸어

첫 번째 칭찬

햇살 좋은 날, 엄마의 품으로 온 너.
빛나는 눈동자와 앙증맞은 두 볼,
꼼지락거리는 조그마한 손발과
포동포동한 엉덩이….
엄마는 그만 네게 반해버렸어.

아이에게 엄마라는 존재는,
한없이 넓고 포근해서 그 무엇이라도 따뜻하게
안아주고 품어주는 유일한 사람이에요.
애착관계가 형성되는 시기인 세 살까지는
무조건 많이 칭찬해주세요.
많이 웃어주고 스킨십도 많이 해서
아이 마음에 평온과 안정감을 선물해주세요.

사랑해
사랑해
사랑해

두 번째 칭찬

몇 번을 말해도 듣기 좋은 따뜻한 말,

사랑해 사랑해 사랑해.

장난감과 낙서로 온 집안을 어지럽혀 놔도

엄마는 심호흡 한 번이면 오케이!

우리 아이는 참 활기차네, 생각하며

사랑해 사랑해 사랑해.

네가 어떤 삶을 살든 엄마는 너를 응원할게.

사랑해 사랑해 사랑해.

아이에게 따뜻한 말을 자주 해주세요.

아이는 엄마로부터 반드시 인정의 말을 듣고,

엄마의 사랑을 받고, 엄마에게서 꼭 축복받아야 해요.

이렇게 멋진 일을 해내다니, 정말 대단해

소파를 부여잡고 네가 혼자서 일어선 날,
"와~ 우리 아이가 혼자서 일어섰어!"
엄마 아빠는 환호성을 치며 기뻤단다.
네가 한두 발짝씩 뒤뚱뒤뚱 걷기 시작할 때,
엄마 아빠는 세상 모든 것을 가진 것과 같았어.
"이렇게 멋진 일을 스스로 해내다니, 정말 대단해!"
너는 세상에 둘도 없는 엄마 아빠의
소중한 보물이란다.

아이의 삶에서 가장 자연스러운 사건 두 가지가 있어요.

바로 걷기 시작하는 것과 말하기 시작하는 것이죠.

이때 엄마는 아이를 적극적으로 칭찬해주세요.

적극적인 칭찬은, 아이가 자신을 좋아하고 스스로에 대한

높은 자존감을 가질 수 있도록 도와주는

아주 자연스러운 방법이에요.

오늘 아이에게 적극적으로, 진심으로 어떤 칭찬을 하였나요?

엄마는 너를 지키고 싶어

네 번째 칭찬

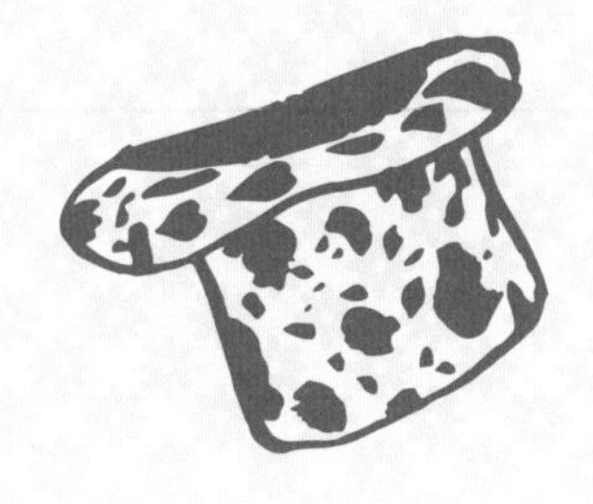

과자 사달라고 조르고,

장난감 사달라고 조르고,

아이스크림 사달라고 조르고….

안 사주면 울어버릴 거야,

엄마를 협박해도

엄마는 꿈쩍 안 해!

왜냐고?

엄마는 너를 지키고 싶거든.

과자로부터, 장난감으로부터,

아이스크림으로부터 말이야.

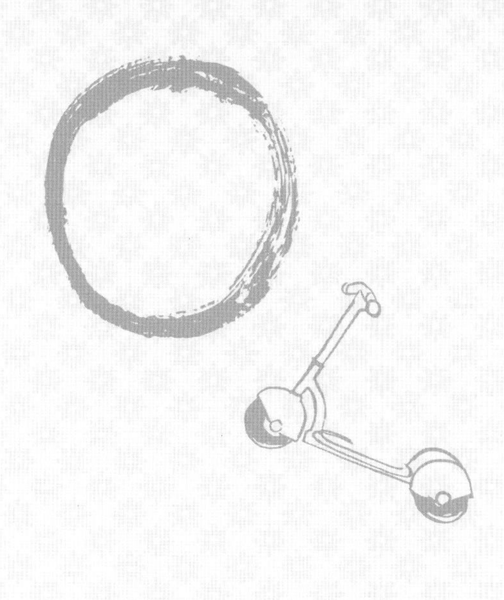

아이가 울며불며 사달라고 억지 부려도
엄마가 이를 받아들이면 안 돼요. 한 번 받아주면
아이는 떼쓰면 엄마가 사주는구나, 라고 생각할 수 있어요.
아이와 함께 하지 말아야 할 규칙을 정하고,
엄마가 약속을 지키는 모습을 보여주세요.

"엄마 심심해, 우리 뭐하지?"

잠시도 가만히 있는 걸 허락하지 않는 너.

"우리 무슨 놀이를 할까? 같이 생각해볼까? 뭐가 좋을까?"

잠시 있다 네가 이렇게 말하더라.

"엄마 그거 어때? 줄넘기로 기차놀이하자!"

"그래, 참 좋은 생각이다."

오늘 네가 발견한 유레카!

"그래, 그거 참 좋은 생각이다"라고 아이의 심리를 칭찬해주세요.

"네가 최고야" "너는 천재야"라는 말보다 아이의 마음을 이해하고

아이가 한 행동을 구체적으로 엄마가 말해줌으로써

아이의 자존감이 높아지고

아이가 자신의 감정을 더 잘 표현할 수 있어요.

그 생각
참 재미있다!

다섯 번째 칭찬

네가 자꾸 보고 싶어서 어떡하지

여섯 번째 칭찬

어린이집에 처음 가던 날,

엄마 치마 뒤에 숨어서 수줍어 하던 네가,

어느새 친구들과 친해지더니

"엄마 잘 가, 이따 데리러 와" 하고 쌩하고 가버리더라.

방긋방긋 웃으면서 신나게 들어가는 너를 보면서,

조금 서운한 마음이 들긴 했지만…

금새 '네가 많이 컸구나, 커가고 있구나' 엄마는 생각했단다.

꽁깍지 씌운 너~어! 껌딱지 우리 아이.

아이의 성장모습을 잘 관찰해보세요.

하루하루 달라지는 아이의 행동과

마음이 보일 거예요.

엄마 품 안에만 머물 것 같던 아이가

또래친구들을 만나면서 엄마보다 친구들을

먼저 찾을 때, 서운한 마음이 많이 들죠.

어느 시인은 이렇게 말했어요.

"아이가 태어나는 순간부터 우리는 서로

이별하는 법을 배워가야 한다"고요.

그러니 걱정 말아요.

우리 아이는 지금

잘 커가고 있는 중이랍니다.

엄마는 네 아름다운 마음을 단숨에 알아봤지

일곱 번째 칭찬

세상에는 우리 눈에 직접 보이지 않지만
소중한 아름다움이 많단다.
겉보기에 예쁘지 않더라도
그 마음속에는 보석처럼 아름다운 지혜가
숨겨져 있을 수도 있고 말이야.
엄마는 네 외면은 물론 마음도 아름답게 가꾸는 사람이었으면 해.
누구나 네 아름다움을 단숨에 알아볼 수 있도록 말이야.

아이에게 가장 중요한 부모는
바로 아이의 마음속에 있는 '내면의 부모'예요.
아이의 행동은 이미 아이 안에 있는 것,
즉 아이의 자존감에 따라 달라져요. 그렇다면 엄마의 역할은 간단해지죠.
아이의 자존감을 키워주는 좋은 말과
건강한 행동을 연습할 수 있도록 해주는 거예요.
아이는 엄마의 행동과 말을 스펀지처럼 흡수하고 있어요.
지금 아이는 엄마에게 이렇게 말하고 있을지도 몰라요.
"엄마, 저를 스스로를 신뢰하는 아이로 키워주세요"라고요.

너에게 행복을 선물할게

여덟 번째 칭찬

아이야,

너를 키우면서 엄마도 모르는 게 참 많아.
엄마도 처음 엄마를 해보는 거라서….
네가 건강하고 행복할 수 있도록
엄마도 많이 배우고 노력할게.
그래서 매일 네가 충분히 행복할 수 있도록
엄마는 무엇을 해야 할까 생각한단다.
엄마는 행복한 삶과 즐거운 일상을
너와 함께하고 싶어.

아이가 나중에 크면 어떤 사람이 될까?
우리 예쁜 아이의 꿈은 무엇일까? 흐뭇한 상상을 해보세요.
아이가 무엇을 하든 아이의 눈부신 가능성을
믿고 아낌없이 응원해주세요.

"장난감 놀이를 한 후에는 꼭 정리를 잘하기로
엄마랑 약속해!"

"오늘도 장난감 정리를 참 잘했네!
엄마랑 한 약속 잘 지켜줘서 고마워."

약속 잘 지켜줘서 고마워

아홉 번째 칭찬

엄마와 아이만의 약속을 만들어 보세요.

그리고 그것을 아이가 실천하고 잘 지켰을 때는,

무엇을 잘했는지 구체적으로 아이에게 말해주세요.

"너의 이런 행동이 참 멋있었어",

"엄마랑 한 약속을 잊지 않고 지키려고 노력했네.

노력한 네 모습이 참 훌륭해"라고요.

자존감을 높이는 칭찬의 말이 된답니다.

매일 신나게 놀자

열 번째 칭찬

노랑, 빨강, 연두, 보라….
예쁜 색깔들이 모두 모인 크레파스를 선물로 받던 날!
너는 기뻐서 어쩔 줄 몰라 했지.
그런데, 그런데 말이야….
네 빠른 손은 어느새 검정색 크레파스를 손에 쥐고
거실바닥에 열심히 그림을 그리기 시작하더라.
엄마가 너의 빠른 손놀림을 말릴 시간이 없었어.

사랑하는 우리 아이,
스케치북이 아니면 어때, 그렇지?
엄마는 너와 함께하는 시간들이 매일 새롭고 재미있어.

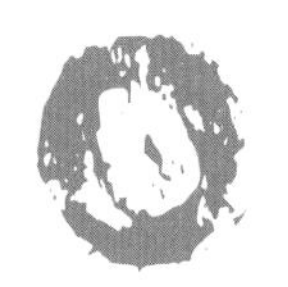

아이는 엄마 아빠의 관심을 받고 싶어하죠.
완벽하지 않더라도 아이가 잘한 일에 대해
자주 칭찬할수록 아이는 스스로가 잘하고 있다는 걸
더 빨리 깨달을 수 있어요. 아이는 뭐든 진심으로
인정받고 싶어해요. 자신이 하는 일이 세상의 눈에 비추어
그리 대단한 일이 아니더라도 말이에요.
그리고 엄마가 아이의 행동을 보고
놀라거나 싫은 표정을 내비치면
아이가 금방 알아채요.
엄마가 이런 행동을 싫어하는구나, 라고 생각하는 거죠.
아이가 눈치보지 않게 엄마가 잘 대처하는 게 필요하답니다.

엄마처럼 웃어볼래

열한 번째 칭찬

꺄르르, 하하하, 호호호!

우리 활짝 웃는 연습을 해볼까?

잘 웃는 아이가 친구도 많고 무슨 일을 하든

재미있게 해낸다고 해.

그래서 웃음은 아빠보다도 훨씬 힘이 세단다.

아이들은 세 가지를 통해서 배운다고 해요.
엄마를 통해, 엄마를 통해 그리고 엄마를 통해서 말이죠.
엄마가 본보기가 되어주세요. 아이가 충고에는 귀를
막을 수 있지만 본보기에는 눈을 감지 못한다고 해요.

배려하는 네가
엄마는 참 좋다

열두 번째 칭찬

어린 동생이 옆에서 그네 타겠다고 울고 있을 때,

그래도 네가 한 살 많다고 그 동생에게

그네를 양보하는 걸 보고

엄마는 깜짝 놀랐어.

너의 마음속 배려심을 엄마는 보았거든.

오늘 뭐 먹고 싶니? 엄마가 맛있는 거 해줄게.

"착한 일을 했구나" "잘했다"라고
짧은 칭찬으로 끝내지 마세요.
아이를 안아주고 아이가 어떤 바른 행동을 했는지
진실을 이야기해주세요.
그리고 엄마가 느낀 감정을 솔직하게
표현하고 자주 웃어주세요.
또 아이가 좋아하는
간식을 만들어 주는 것도
좋은 칭찬 방법 중 하나랍니다.

포기하지 않고 끝까지 노력한 네가 자랑스러워

열세 번째 칭찬

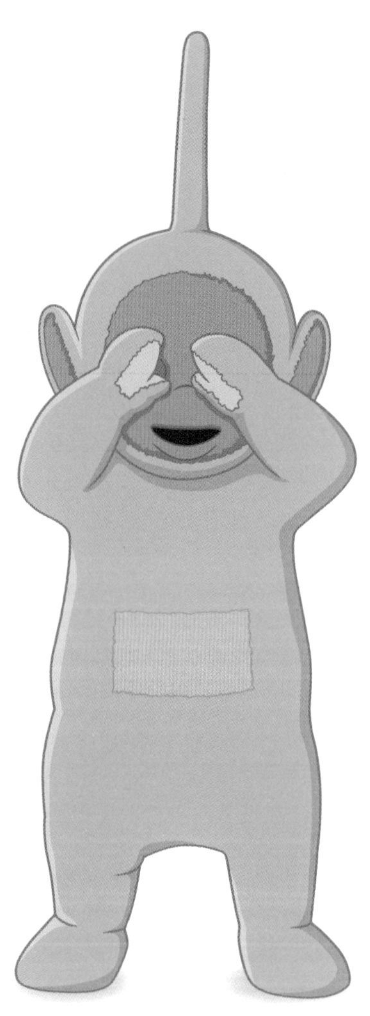

책 읽고 독서노트를 작성해야 하는데,

아이가 꾸벅꾸벅 졸고 맙니다.

"엄마, 졸려서 못하겠어요. 저 잠깐만 잘게요."

아이가 피곤한지 그만 잠들어 버립니다.

이럴 때 엄마 마음은 약해지죠.

괜히 자는 아이를 깨운다는 게 미안하거든요.

그래도 하기로 한 약속은 지켜야 하니 깨울 수밖에요.

"일어나자, 하던 거는 끝까지 해야지!"

아이가 무엇인가 하던 일을 끝마치지 않고 잠들어버리거나

다른 행동을 할 때, 아이 스스로 하던 것을 정리하고

마무리할 수 있게 기다려주세요. 무리하게 시켜서는 안 되지만

가능하면 아이 스스로 치우거나 끝낼 수 있게 해주세요.

엄마가 약간 도와줘도 되지만, 절대로 중도에

그만두는 일은 없어야 해요.

네 눈이 초롱초롱 빛나고 있어

열네 번째 칭찬

엄마는 언제나 네게
따뜻하고 행복한 눈빛을 보내고 있어.
너도 엄마에게 눈으로 말하고 있네.
초롱초롱 장난기 가득한 네 눈을 보고 있으면
엄마는 네 눈속으로 푹 빠져버린단다.
동화책 읽고 싶구나, 놀이터 가고 싶구나, 하고 말이야.
엄마는 네 마음을 눈빛으로 알 수 있지.
사랑하니까.

아무리 바빠도 하루에 한 번은 아이의 얼굴을 온전히 바라봐주세요.
현대 의사와 행동과학자들에 따르면,
그 어떤 이유로든 돌봄을 받지 못하고
외면당한 아이들은 제대로 생존할 수 없었다고 해요.
건강한 아이건 아픈 아이건 스킨십과 유대관계를 통한
정서적 애착 없이는 절대 성장할 수 없어요.

엄마는 항상 네 편이야

열다섯 번째 칭찬

말이 늦어 주변 사람들의 걱정을 샀던 아인슈타인에게
엄마는 매일 이렇게 말했다고 해.
“늘 너를 믿는다.”
“너에게는 특별한 재능이 있단다.”
“너는 앞으로 훌륭한 사람이 될 거란다.”
아이야, 엄마는 너를 믿어. 말이 조금 느리더라도,
숫자를 아직 읽지 못하더라도
엄마는 항상 네 편이야.

아이는 부모가 믿는 대로 자랍니다.
피그말리온 효과라고도 하죠. 엄마가 아이에게
갖는 기대나 믿음이 반복되면 아이는 은연중에 엄마의
기대를 따라가게 됩니다.

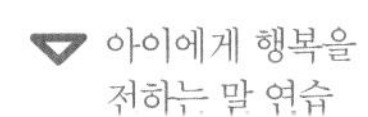

TELETUBBIES

아이의
용기를 키우는
말 연습

친구야, 나랑 놀자

열여섯 번째 칭찬

"엄마, 나는 친구가 없어, 엉엉엉."
친구가 많았으면 좋겠는데 친구 사귀는 게 어렵구나,
그럴 땐 이렇게 말을 걸면 돼. 엄마랑 한 번 연습해보자.
"안녕? 내 이름은 나나라고 해. 우리 친하게 지내자.
너는 어떤 놀이 하는 걸 좋아하니?"

아이에게는 새로운 친구를 사귀는 것도 용기가 필요한 일이에요.
부끄러움을 많이 타거나 소극적인 아이의 경우
모르는 친구에게 다가가는 게 두려울 수밖에 없어요.
엄마가 곁에서 말 연습을 같이 해주세요.
"친구야, 같이 놀자"라고요.

우리가 해냈다!

열일곱 번째 칭찬

바닷가에서의 모래놀이,
그런데 밀려오는 파도에 그만 모래성이 자꾸 무너지네.
어떻게 하면 모래성을 무너지지 않게 할 수 있을까?
"엄마, 조개껍데기로 모래성을 지켜줘요!"
"와~ 이제 모래성이 무너지지 않네.
그래, 우리가 해냈다!"

작은 성취감으로 아이는 크게 성장해요.
어린 시절을 정말 천진난만하게 보낸 사람,
즉 어릴 때부터 삶의 경이로움을 경험한 사람은
어른이 되어서도 그 아이다움과 깨달음을 간직한다 해요.
아이가 어른이 되더라도 내면에 아이다운 본성을
잃지 않도록 엄마와 아이가 함께 많이 놀아주세요.

이런 것은 하면 안 되는 거야

열여덟 번째 칭찬

아이가 펄펄 끓고 있는 주전자를 만지려고 하는 순간,
엄마는 놀라서 큰 소리를 내고 맙니다.
"안 돼, 만지면 큰일 나!"
엄한 얼굴에 단호한 목소리로 말하니 아이가 깜짝 놀랍니다.
이어서 부드럽게 이야기합니다.
"네가 다칠 수 있어. 네가 다치면 너도 엄청 아프고
엄마도 너무 슬플 거야."

아이가 위험한 행동을 할 때는 “그런 행동은 안 돼”라고
단호하게 이야기해주세요. 아이가 얌전해지면
문제행동을 하지 않은 것에 대해서 “뛰어다니지 않고
얌전하게 있어줘서 고마워” “조심히 해줘서 고마워”라고
칭찬해주세요. 조금씩 위험한 행동을 하지 않게 된답니다.

혼자 자는 게 무섭구나? 엄마가 같이 있어줄게

열아홉 번째 칭찬

잠자리에 들려고 불을 끄면 아무것도 보이지 않는
깜깜함에 무서워하는 아이.
'엄마랑 눈 감고 구름 위에 있는 양을 한 마리씩 세어볼까?'
양 한 마리, 양 두 마리…. 어느새 오십 마리까지 세었을 때
너의 목소리가 조용해지더라.
걱정 마, 엄마가 항상 같이 있어줄게.
"좋은 꿈꿔, 굿나잇!"

밤에 무서움을 많이 타서 옆에 엄마가 꼭 있어야만
장드는 아이들이 있어요. 엄마가 동화책을 읽어주거나
눈 감고 할 수 있는 놀이를 같이 해보세요.
아이가 엄마의 포근함에 스르륵 잠이 듭니다.

엄마랑 마법의 주문을 만들어볼까?

스무 번째 칭찬

"병원에 가면 뾰족한 주사 바늘이 많이 무서울 거야.
그런데 주사 맞는 건 우리 몸을 건강하게 지키기 위해서야.
나쁜 세균을 물리쳐주고 우리가 씩씩하게
잘 놀 수 있도록 돌봐주는 거란다.

처음에는 무섭지만, 여기 네 배꼽에서부터
마음속 용기가 자랄 수 있도록 우리 한 번 연습해볼까?
배꼽아, 내 맘속에서 쑥쑥 용기가 자라게 해줘!

주사 바늘은 잠깐 따끔할 뿐이야.
나를 더 건강하게 해주렴."
엄마와 아이만의 마법의 주문,
"용기야 생겨라! 얍! 어때?"

주사 맞는 걸 싫어하는 아이들이 참 많죠. 병원 가기 전에
병원놀이 장난감을 통해 알려주는 것도 좋은 방법이에요.
그리고 아이가 용기를 낼 수 있도록 엄마가 옆에서
다정하게 말해주세요. 용기를 내면 어떤 점이 좋은지
아이가 알 수 있도록 구체적으로 알려주는 게 좋아요.
실제 용기를 내서 성취감을 얻게 되면 아이는
더 단단한 마음을 갖게 된답니다.

도전!

스물한 번째 칭찬

태권도 학원에 간 첫날,
모르는 친구들로 너의 낯가림이 시작됐지.
새로운 것은 낯설 수밖에 없어.
엄마도 어렸을 적에는 낯가림이 심해서
할머니 뒤꽁무니만 쫓아다녔다니까.
엄마는 알아, 10분만 지나면 망설이던 네가
한 동작씩 조금씩 따라할 거라는 걸 말이야.
엄마는 오늘도 외친다.
"새로운 도전, 성공!"

아이들은 새로운 것을 두려워해서 변화에 대한 저항이
심한 탓에 고집이 세져요. 항상 가던 길이 아니면
가지 않으려고 하거나 매일 같은 음식만 먹으려고 하는 등
똑같은 것을 고집하게 되지요.
또한 일상적인 틀에서 조금이라도 벗어나면 혼란을 느끼고
자지러지게 울거나 크게 화를 내는 일이 많아져요.
이럴 때 엄마들은 우리 아이가 뭔가 이상한 것은 아닌지 불안해하기도 해요.
그런데 아이는 지금 세상을 배워가는 중이에요.
모든 것이 첫 경험인 거죠. 아이가 호기심을 갖고 세상을 마주할 수 있도록
엄마가 이끌어주세요. 모든 것을 척척 잘해내는 아이라고 강요하기보다
오늘은 학원 문 앞까지 간 것만도
아이에게는 대단한 성취라는 걸 따뜻하게 칭찬해주세요.

"자전거 타는 거 무서워.
엄마 손 놓으면 안 돼, 꼭 잡아줘야 해."
엄마는 몇 번 잡아주고서 너 모르게 살짝
자전거에서 손을 떼었어.
그런데 그만 꽈당 넘어지고 말았지.
"엄마 때문에 넘어졌잖아. 나 자전거 싫어, 안 탈거야."
그 마음 이해해. 두려운 게 당연하지.
그런데 내일은 오늘보다 더 잘 탈 수 있을 테니까 걱정 마렴.

겁나는 건 당연해.
누구라도 처음은 그렇단다

스물두 번째 칭찬

아이에게 무섭거나 어려운 일이 있을 때마다
엄마가 매번 해결사가 되어 줄 수는 없어요.
엄마가 아이에게 준비해 줄 수 있는 것은
'건강한 자신감'이에요.
좌절하지 않고 일어설 수 있도록 엄마가
아이의 마음을 든든하게 지켜주세요.
엄마의 응원과 격려가 아이 자존감의 자양분이 됩니다.

수줍고 부끄러움을 느끼는 건 잘못된 행동이 아니란다

스물세 번째 칭찬

선생님을 보면
"안녕하세요"라고 인사하지 않고 도망가버리는 너.
네가 수줍고 부끄러움이 많은 아이라는 걸 엄마는 이해해.

언젠가 친구가 많아졌으면 좋겠다 했지?
그럼 우리 먼저 인사 한 번 해볼까?
"친구야 안녕!"
"선생님, 안녕하세요!"라고 큰 소리로 말해보자.

부끄러움을 느끼는 게 잘못된 행동이 아니라는 걸
아이에게 알려주세요. 엄마가 옆에서 아이의 마음을
공감하고 다정하게 이야기해주는 게 중요해요.
주의할 것은 엄마가 "우리 아이는 수줍음이 많은 아이에요"라고
단정적으로 이야기하지 않는 거예요. 아이는 낯선환경에
지금 적응해나가는 중이랍니다.
그리고 아이에게 "친구에게 인사하는 게 쑥스러웠어?"
"손들고 이야기하는 게 부끄러웠구나?"라고 이해하고
엄마가 응원해주세요. 아이의 마음에 용기가 생겼을 때
먼저 인사해보려고 할 거예요.
아이가 도전하는 순간까지 기다려주고 아이가
무엇인가 성취해나갈 때 적극적으로 칭찬해주세요.

괜찮아, 엄마한테는 네가 1등이야!

스물네 번째 칭찬

운동회 달리기 시합!

오른팔, 왼팔을 앞뒤로 휘저으며 열심히 달리네.

엄마 심장은 쿵쿵 소리가 들릴 뻔했어.

조마조마, 두근두근…

조금만 더 뛰면 결승점에 들어오는데….

그만 "꽈당" 네가 넘어지고 말았네.

엄마가 달려가서 일으켜 세워줘야 하나 망설이는 사이

네가 툭툭 털고 일어나더라.

얼굴은 눈물로 범벅되어서

터벅터벅 끝까지 뛰는 너,

"괜찮아, 엄마한테는 네가 1등이야!"

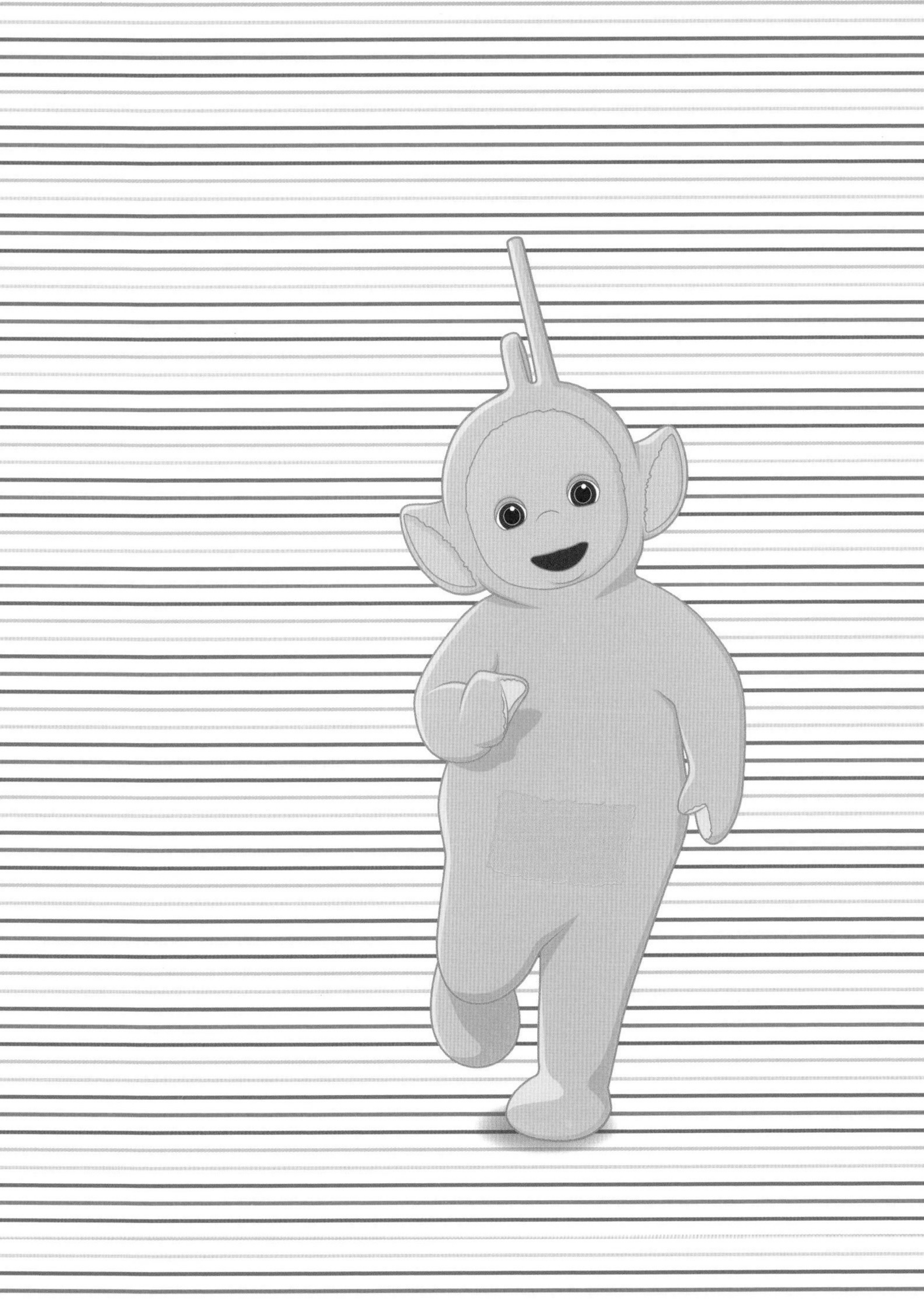

엄마가 칭찬을 어떻게 하느냐에 따라
아이에게 힘이 될 수도, 반대로 아이의 기를 꺾을 수도 있어요.
아이의 자신감을 키워주려면 칭찬도 좋지만 격려를 많이 해주세요.
칭찬은 엄마가 아이에게 잘한 점을
구체적으로 이야기해주는 거라면,
격려는 아이 스스로 용기와 의욕이 생기게끔 북돋워주는 거예요.
오늘 아이가 용기를 잃지 않게 격려해주세요.
넘어져도 다시 일어서서 끝까지 뛴 아이의
용기와 인내를 많이 칭찬해주고,
꼴찌가 아니라 엄마에게는 네가 1등이고,
엄마는 항상 아이 편임을 다정하게 이야기해주세요.

분명히 너에게 좋은 결과가 있을 거야

스물다섯 번째 칭찬

친구들끼리 축구놀이를 하다가 네가 속한 팀이
그만 2대 0으로 지고 말았지. 시무룩한 얼굴로 돌아온 너.
"오늘 축구 져서 시무룩하구나.
그런데 오늘 힘껏 뛰었어?"
"네, 열심히 뛰었는데 지고 말았어요."
"그래, 네가 최선을 다했구나,
엄마는 최선을 다한 네가 자랑스러워.
힘들어도 너는 끝까지 열심히 뛰었고
골을 넣으려고 여러 번 시도했다는 걸 엄마는 알아.
축구놀이는 다음에도 있으니까, 중요한 건 이제부터
네가 더 잘하기 위해서 노력하는 거란다."

승패에 관계없이 최선을 다한 아이의 노력과
인내심을 칭찬해주세요. 그리고 아무리 작은 성취라도
노력과 연습이 필요하다는 것을 알려주세요.
아이는 자신이 시도하는 것을 통해 노력하는 과정이
중요하다는 것을 배우게 된답니다.

그 생각 참 기발하다

스물여섯 번째 칭찬

작은 레고놀이 한 개를 주었더니,
사용설명서에 나와 있는 놀이터 그림은 보지 않고
자기만의 우주선을 만들어내는 아이.
"와, 우주선이 하늘 위로 날아가네."
"이 우주선에 타고 있는 이 사람은 어떤 기분일까?"
네가 만들고 싶었던 것이 무엇이었을까 궁금하다.
엄마에게 이야기해줄 수 있겠니?

아이는 그림 그리기와 만들기를 통해 생각과 감정을 표현해내요.
아이가 만든 것이 엄마 눈에는 '놀이터'로 보이더라도
아이가 생각한 것은 '우주선'일 수 있어요.
그래서 "놀이터를 만들었구나"라고
엄마가 미리 답을 정해서 말하기보다 아이가 생각한 것을
말할 수 있도록 질문을 던져보세요.
"이건 뭘 만든 걸까?" "이 우주선에 어떤 것들이 들어 있을까?"
아이의 호기심을 자극할 수 있는 질문을 해주세요.
그리고 "놀이터에서 노는 친구들은 어떤 기분일까?"라고
감정을 읽을 수 있는 질문도 같이 해주세요.
아이가 놀이를 통해 상상력과 창의력을 키울 수 있답니다.

네가 원한다면 한번 해보렴

스물일곱 번째 칭찬

여름인데 겨울 조끼를 입고 유치원에 가겠다고 조르는 너.
스스로 입을 옷을 선택해 와서 기특하긴 한데….
네가 그렇게 입고 유치원에 가면
다들 이상한 눈으로 쳐다볼 것 같아.
'남들 시선이 뭐라고… 너무 신경 쓰지 말자.'
너의 패션 스타일을 응원하며
엄마는 겨울 조끼 입은 너의 손을 꼭 잡고
룰루랄라~ 유치원으로 출발!

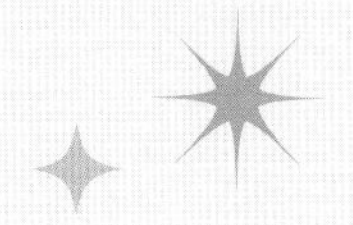

아이들이 고집을 부린다는 것은 달리 말하면
아이가 엄마로부터 독립심을 키워가는 중이라고 볼 수 있어요.
이럴 때 마냥 안 된다고 하기보다
아이가 하고 싶은 것을 하게끔 존중해주세요.
아이가 여름인데 겨울옷을 입고 싶어 하는,
아이만의 이유가 있을 거예요. 그 이유를 알 수 있게
아이 마음을 알아봐주세요.
좋고 싫은 것에 대해 자기만의 의견을 표현해낼 만큼
'잘 크고 있구나' '제법이다' 라고 아이의 성장을 지켜보고 응원해주세요.

계속하다 보면 더 잘할 수 있을 거야

스물여덟 번째 칭찬

네가 하고 싶은 것은 끝까지 즐겨보렴.
1등, 100점이 중요한 것이 아니라
실수하면서 네가 배운 것, 네가 즐긴 것,
그것들이 너를 더 멋있는 사람으로 만들어준단다.
실수하는 걸 망설이지 마렴.

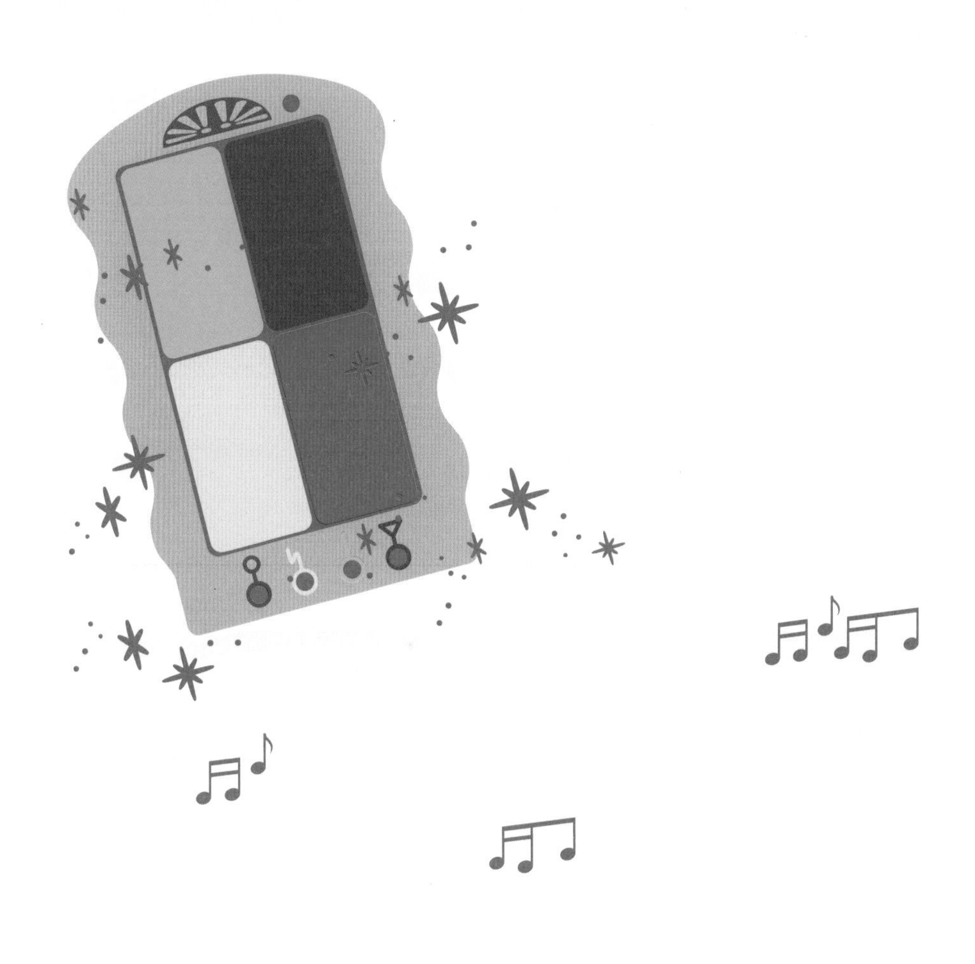

아이에게 실수할 기회를 허락해주세요.

그리고 노력하는 과정을 즐길 수 있게

연습한 과정에 대해서 칭찬해주세요.

1등 했다고, 100점 받았다고, 그 결과로만

칭찬을 들은 아이는 친구들과의 놀이에서 실수할까 봐,

다음 번 시험에서 틀릴까 봐, 두려움을 느낍니다.

아이의 행동을 평가하지 말고

과정에 대해서 구체적으로 칭찬해주세요.

아이가 자라면서 마음속 큰 응원이 됩니다.

TELETUBBIES

아이의
마음을 지키는
말 연습

엄마에게도 너처럼 아이였던 시절이 있었어!

스물아홉 번째 칭찬

엄마는 뭐든지 해낼 것처럼 완벽해 보이지?
그런데 엄마도 너처럼 아이였을 때가 있었어.
그때는 엄마도 겁 많고 많이 울고 그랬지.
그런데 커가면서 마음속 용기가 자라면서
이렇게 씩씩한 어른이 되었단다.
지금 네가 어려서 완벽하게
하지 못하는 게 있더라도 실망하지 마렴.
너는 지금 잘 배워가고 있는 중이란다.

아이는 엄마에게도 어린 시절이 있었다는 걸
잘 상상하지 못해요.
그래서 엄마도 달리기를 하다가 넘어져 우는 아이였고,
할머니한테 야단 맞았던 아이였다고
이야기해주면 매우 흥미로워 한답니다.
오늘 아이에게 한번 이야기해주세요.
좌충우돌 엄마의 어린 시절을 말이죠.

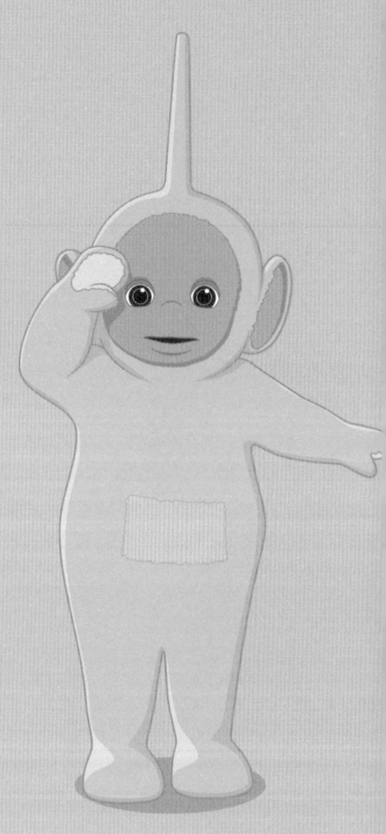

"무슨 일 있니? 뭐가 네 마음을 아프게 했을까?
엄마가 네 마음을 탐구해볼까?"
무슨 일이 있었는지 아이가 입을 꾹 다물고
엄마를 쳐다보지도 않네요.
엄마가 다정하게 말해줍니다.
"화나면 화 내도 돼. 울고 싶으면 울어도 돼.
네 감정을 참지 마렴. 참는 건 좋지 않아."
아이는 그만 눈물샘을 터트리고 마네요.

울어도 괜찮아, 화내도 괜찮아

서른 번째 칭찬

슬픈 일이 있을 때는 자연스럽게 슬픈 감정이 생기고,
화나는 일이 있을 때는 당연히 화를 낼 수 있다고 아이에게 알려주세요.
'울지 마' '화내지 마'라는 말은 아이에게 슬퍼할 기회,
화낼 수 있는 기회를 빼앗는 것이 될 수 있어요. 아이가 마음을
닫지 않고 감정을 밖으로 잘 표현해내는 것이 중요합니다.

울지 말고 또박또박 말해보렴

서른한 번째 칭찬

"네가 그렇게 발을 구르고 소릴 지르면
엄마는 무슨 말인지 알아들을 수가 없어."
"엉엉엉. 엉엉엉."
"싫어 싫어."
떼를 쓰며 울기만 하는 너.
정말 속상한 일이 있었구나.
한참을 기다렸다가 아이게게 말을 건넵니다.
"이제 엄마에게 차근차근 말해보렴.
울면서 말하면 엄마가 무슨 말인지 잘 몰라.
네가 무엇 때문에 화가 났는지, 왜 속상했는지
엄마가 알 수 있게 말해보렴.
네가 울어서 엄마 마음도 슬프다."

아이가 떼 쓰고 울면 엄마들이 짜증 섞인 목소리로
'제발 울지 좀 마'라고 말하는 경우가 있어요.
그러면 아이는 엄마가 자기 마음을 이해해주지 못한 것 같아
서운해서 더 크게 울어 버리지요.
이럴 땐 무슨 일이 있었는지, 뭐가 슬픈지 차근차근
이야기해달라고 아이에게 다정하게 말해보세요.
엄마가 옆에서 다독이며 말해주면
아이의 마음을 진정시켜 울음을 그치게 해준답니다.

어린 동생이 “이거 나 먹어도 돼?”라며
네 간식을 달라고 했을 때,
너도 배가 고파서 먹고 싶은데
어쩔 수 없다는 듯 간식을 다 주더라.
그럴 땐,
“싫어” “안 돼”라고 말해도 괜찮아.
동생에게 배려하는 마음도 중요하지만
네 간식을 먹고 싶을 때는 네가 먼저야.

네가 먼저야

서른두 번째 칭찬

아이가 때에 따라 "싫어" "안 돼" 같은
거절의 말을 할 수 있도록 해주세요.
동생에게 과자를 주는 것이 착한 행동이지만,
"언니니까 참아라, 너는 착한 아이지"라는
말을 들어온 아이는 다른 사람의 기분이나 감정에 맞춰
따라가기 때문에 정작 자신의 만족은 없고
다른 사람을 위한 삶을 사는 경우가 많아요.
싫은 것은 '싫다'고 말할 수 있고,
마음 내키지 않는 일은 '안 돼'라고 말할 수 있도록
아이와 말 연습을 해보세요.
아이가 자신의 있는 그대로의 삶을 살 수 있도록 이끌어주세요.

내 장난감, 허락없이 만지지 않았으면 좋겠어!

서른세 번째 칭찬

비행기 장난감을 갖고 놀이터에 간 날,
친구들도 비행기 장난감이 신기해서 서로 만져보겠다고 했지.
한 친구가 비행기 장난감을 갖고 저만치 도망가버렸을 때,
너는 순간 당황해서 꼼짝 않고 서 있었어.
갖고 있던 장난감을 빼앗겨서 속상하겠다.
그럴 땐 참지 말고 이렇게 단호하게 말해보렴.
"내 장난감, 허락없이 만지지 않았으면 좋겠어!"

아이들끼리 싸움이 벌어지거나 말다툼이 있으면
"친구끼리 싸우면 안 되지. 사이좋게 지내야지"라는
말을 쉽게 하곤 해요. 그런데 이런 말이 아이에게는
강요당하는 느낌을 준답니다. 아이에게 친구와의 화해를
강요하지 마세요. 대신 자신이 원하는 것을 단호하게
말할 수 있도록 알려주세요. 명확하게 아이의 의사와 생각을
표현할 수 있도록 자신감을 키워주세요.

미안하다고
말하는 것도
용기 있는 행동이야

서른네 번째 칭찬

놀이터에서 한바탕 싸움이 났네.

이쪽 친구도 울고, 저쪽 친구도 울고, 너도 울고….

울음은 그칠 줄 모르고 합창이 되더라.

친구와 놀다 다툼이 있을 수 있지만

먼저 사과하는 것도 용기란다.

이렇게 말해보렴.

"미안해 친구야, 다음에는 사이좋게 놀자!"

"친구야 미안해"라는 말을 해본 적 없는 아이에게
미안하다는 말은 쉽게 꺼내지 못하는 말일 수 있어요.
아이의 용기를 칭찬하고 엄마랑 같이 말 연습을
해보자고 하면서 자꾸 따라 말할 수 있도록 읽어주세요.
그리고 아이의 마음도 속상하지만
친구의 마음도 속상할 거라고 서로의 마음을
이해하고 공감할 수 있도록 엄마가 아이와 함께
따뜻한 대화를 나눠보세요.

매일 껴안고 다니던 인형을 그만 잃어버린 날,
네가 정말 좋아하는 인형이라는 걸 알기에 엄마도 깜짝 놀랐어.
놀이터에도 다시 가봤지만 인형은 없었어.
울음은 그치지 않고 너의 슬픔은 계속되었지.
처음에는 온 동네가 떠나가라 울었지만
우는 것도 지쳤는지, 이제 소리 없이 눈물을 흘리는구나.

엄마가 너였더라도 정말 슬펐을 거야.
우리 인형에게 작별 인사를 하자.
만나서 반가웠고 나중에 또 만나자고.
안녕 인형아!

엄마가 너였더라도 정말 슬펐을 거야

서른다섯 번째 칭찬

"그깟 인형 또 사면 돼지"라고 말하는 순간
아이는 큰 상실감을 느끼게 돼요. 아이가 슬퍼할 때는
"엄마가 너였더라도 정말 슬펐을 거야"라고 같이
공감해주세요. 아이는 지금 슬픈 일에 맞닥뜨렸을 때
슬픈 감정을 드러내고 주변 사람들과 슬픔을 나누며
적절히 대처하는 방법을 배워가는 중이랍니다.

정말
화나는 일이구나

서른여섯 번째 칭찬

"엄마, 그네를 타려고
줄 서서 기다리고 있는데,
내가 탈 차례가 돼서 막 타려는데
다른 친구가 와서 가로채버렸어요.
내 차례야, 내가 먼저라고 말했는데도,
그 친구는 내 말을 무시하고
그냥 계속 그네를 탔어요.

아이의 감정에 '슬프다' '화나다' 등의 이름을 붙여주세요.
아이는 자신의 감정이 지금 어떤 상태인지,
왜 이런 반응이 나오는지를 잘 알지 못해요.
자꾸 엄마가 감정마다 이름을 붙여줌으로써 아이가 자신의 행동과
감정을 연결해서 생각할 수 있게 된답니다.

그 친구랑 안 놀 거예요.
정말 화가 나요."

"그래 정말 화나는 일이었겠다.
다음에는 그 친구에게
네가 차례를 지키지 않아서 화가 나.
순서를 지켜서 탔으면 좋겠어, 라고 말해보자."

화가 날 때는 숫자 3까지 세어볼까

서른일곱 번째 칭찬

7

네가 화를 내면 꼭 힘센 티라노 사우루스가 입에서
불을 뿜어내는 것 같아.
그래서 친구를 아프게 할 때도 있고,
엄마도 마음이 아플 때가 있어.

우리 화가 날 때는 3초만 숫자를 세어볼까?

3

화를 자주 내는 아이들이 있어요.
마음에 분노가 있기 때문이에요. 그런데 아이들은
아직 자기 마음을 말로 표현해내기가 어려워요.
그래서 이럴 때는 엄마가 옆에서 아이 마음을 잘 읽어주는 게
중요해요. 아이에게 화를 내면 친구나 상대방이
마음 아프다는 걸 설명해주세요.
그리고 화가 났을 땐 3초간 숫자를 세도록
알려주는 것도 좋은 방법이에요.

엄마보다
더 잘하고 싶구나

서른여덟 번째 칭찬

엄마와 끝말잇기를 하다가,

'사랑' 다음에 '랑'자로 시작하는 말이 생각나지 않는 너는

"랑랑"이라고 엉뚱한 단어를 대며

"내 토끼인형 이름이 랑랑이야"라고 말하더라.

어딜 봐도 얼렁뚱땅 둘러대는 말인데….

엄마는 미소 지으며 이렇게 말했어.

"네 마음이 엄마보다 더 잘하고 싶구나."

다른 사람보다 더 잘하고 싶어 하는 마음,

엄마는 네 마음을 자꾸 들여다보게 돼.

아이가 놀이를 하다가 자기가 맞다고 우기는 경우가 있어요.
엄마가 보기에는 정답이 아닌데 말이죠.
이럴 때는 아이의 이기고 싶어 하는 마음을 알아봐주세요.
그렇다고 뭐든지 이겨야 한다고 말하면
아이는 나중에 커서 실패나 실수를 받아들일 수 없게 된답니다.
이기려고 노력하는 아이의 모습은 칭찬 받을 만하지만
무조건 이겨야 한다는 것은 남과 비교하게 되고
경쟁심만 생겨서 아이 마음이 힘들어질 수 있어요.
웃어 넘길 수 있는 놀이는 엄마가 슬쩍 속아주고
정확하게 알려줘야 하는 승부는
약속과 규칙을 잘 이해할 수 있게 설명해주세요.

다음 주 있을 피아노 첫 연주회.

그런데 네 마음이 두근두근 불안했나 봐.

“연주회에서 틀리면 어떡해 엄마?

왜 이렇게 안 돼지, 난 바보인가 봐.”

마음대로 안 돼서 속상해하는 너.

“네가 피아노를 치다가 실수하는 건

바보이기 때문이 아니야.

피아노를 잘 치는 건 원래 쉽지 않아.

실수해도 괜찮아, 그 부분을 틀리지 않으려고

네가 계속 연습하고 있는 게 중요한 거야.

지금 벌써 다섯 번이나 연습했네.

계속 연습하려는 네 모습이 엄마는 정말 자랑스러워.”

아이가 무엇인가 시도하다 잘 안 됐을 때

“난 바보야” “난 할 수 없어”라고 말하는 경우가 있어요.

이때마다 아이가 자신감을 잃지 않도록 아이에게

문제가 있는 것이 아니라, “처음 해보는 거라서

어려운 거야”라고 문제 자체의 원인을 알려주세요.

실수도 오케이

서른아홉 번째 칭찬

지금
거짓말을 하고 있구나

마흔 번째 칭찬

"오늘 태권도 학원 안 가요.
오늘 쉬는 날이라고 선생님이 이야기했어요."

엄마는 선생님한테 연락 받은 게 없는데….
네가 학원 가기 싫어서
거짓말을 한다는 걸 엄마는 알아채버렸지.

엄마는 널 사랑하지만 거짓말 하는
네 행동은 받아들일 수가 없어
네 행동에 엄마는 실망했어!

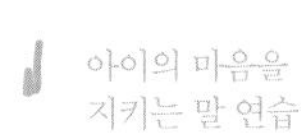

아이에게 "이 거짓말쟁이야"라고 말하는 건
아이의 존재 자체를 의심하는 말이에요.
"엄마가 학원 선생님에게 확인해본다"라고 말하는 것 역시
아이에게 위압적인 말로 느껴져서 겁을 먹고
또 다른 거짓말을 만들어내게 할 수 있어요.
이럴 때는 "네가 지금 거짓말을 하고 있구나"라고
아이의 행동에 대해서만 말해주거나
"네 행동에 엄마는 실망했어"라고 엄마의 감정을 이야기해주세요.
원래는 잘못된 행동을 하지 않는데 지금 이 순간에만
잘못된 행동을 하고 있다고 말해줌으로써 아이가 엄마의
사랑을 의심하지 않도록 하는 것이 중요해요.

내일은 엄마가 꼭 동화 이야기 해줄게

마흔한 번째 칭찬

잠자기 전, 엄마가 들려주는 동화 시간.
그런데 그날은 엄마도 너무 피곤해서
동화를 말해줄 힘이 없네.
"내일 해줄게, 오늘은 일찍 자자."
"싫어, 엄마가 동화 안 해주면 엄마랑 짝꿍 안 할거야."

"엄마가 오늘 몸과 마음이 힘들어서 그래.
오늘 회사에서 일이 많았거든."
엄마의 마음을 네가 이해해주길 바라는
어떤 날.

아이가 원하는 것을 들어줄 수 없을 때, 아이들은
"엄마랑 절대 안 놀거야, 엄마 미워"라고 말하곤 해요.
이럴 때 "엄마도 너랑 안 놀거야"라고 말하면
아이는 삐치고 말죠. 아이에게 이렇게 말해보세요.
"엄마가 오늘은 회사 일이 많아서 너무 피곤해.
그래서 오늘은 동화를 이야기해줄 수가 없구나.
내일 엄마가 동화 이야기 해줄게"라고, 엄마가 왜 아이가
원하는 것을 들어줄 수 없는지 그 이유를 설명해주세요.

친구들이 비웃어도 네가 하고 싶은 것을 포기하지 마렴

마흔두 번째 칭찬

"엄마, 나 오늘 킥 보드 갖고 놀이터에 갈래요."

안전모자를 쓴 네 모습이 멋있는지 거울에 이리저리 비춰보는 너.

즐거운 마음으로 놀이터에 갔는데 "멋있다"고 말해주는 친구도 있고,

"이게 뭐야, 장난감 모자야"라고 안 좋은 말을 하는 친구도 있었지.

너는 금새 시무룩해졌어.

그런데 친구들이 놀리는 말에

네가 하고 싶은 것을 포기하지 마렴.
다른 친구에게 피해주지 않는 일이라면 남들이 비웃더라도,
네가 하고 싶은 것은 맘껏 해도 돼.
네가 이상한 게 아니라 놀리는 사람이 더 이상한 거야.

남들에게 피해주는 일이 아니라면

아이가 원하는 것을 맘껏 할 수 있다고 알려주세요.

아이의 마음속에서 자라나는 의지를

꺾지 않는 것이 중요해요.

호기심으로 가득 찬 아이 마음이 이상한 것이 아니니까요.

4장
TELETUBBIES

아이의
자존감을 높이는
말 연습

넌 있는 그대로 소중한 사람이야

마흔세 번째 칭찬

언제 어디서든
너는 이미 존재 그 자체만으로도
소중하고 사랑받아야 한단다.
그걸 꼭 기억하렴.

네가 무엇을 잘했기 때문에
소중한 것이 아니라
태어난 그 자체가 사랑이란다.

아이의 존재 자체가 가치 있고
소중한 것임을 알려주세요.
자신을 좋아하는 아이는
자존감이 높고 스스로 바른 행동을
하고 싶어 한답니다.

행복은
네가 결정하는 거란다

마흔네 번째 칭찬

친구들이 너와 같이 놀아주지 않는다고
네가 부족한 사람이 아니란다.
네가 그림을 잘 못 그리고
피아노를 잘 못치고
태권도를 잘하지 못한다고 해서
네가 부족한 사람이 절대 아니야.

너는 지금 배워나가는 중이고,
잘하기 위해서 연습 중인 거야.
자신이 좋은 사람이라고 느끼게 할 수 있는
사람은 오직 자기 자신밖에 없어.
다른 사람이 너의 행복을
결정 짓도록 하지 마렴.

엄마가 칭찬과 격려를 요령있게 잘하는 것도 아이의 자존감을 키우는
방법 중에 하나에요. 항상 아이의 존재 자체가 의미 있는 일이고
축복이라는 것을 알려주세요. 그리고 아이에게 절대 다른 사람이
나의 가치를 결정하도록 나둬서는 안 된다고 말해주세요.
스스로 좋다고 느끼는 힘을 다른 사람에게 넘기는 건
자신이 나쁘다고 느끼는 힘도 함께 주는 거라는 것을 이야기해주세요.
자존감이란 아이가 스스로 긍정하고
사랑하는 삶을 살아가는 첫 출발점입니다.

너는 너라서 대단한 거야

마흔다섯 번째 칭찬

유치원에 가면,

말을 잘하는 친구도 있고

말이 없는 친구도 있지.

잘 웃는 친구도 있고

잘 웃지 않는 친구도 있어.

크레파스의 다양한 색깔처럼

너는 너라서 대단한 거야.

친구들의 성격이 아주 다양한 것처럼 말이야.

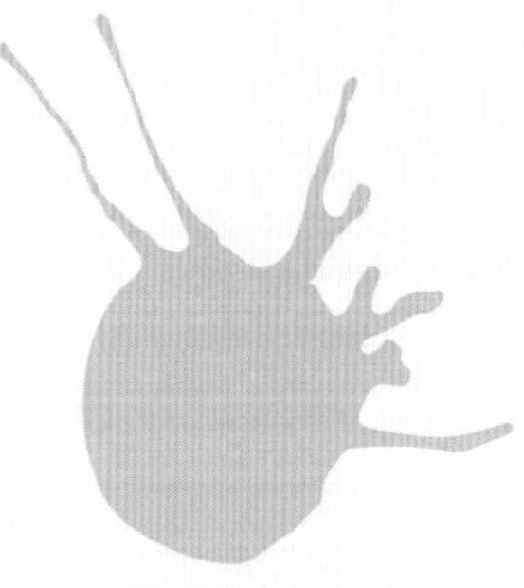

엄마들은 아이가 적극적으로 말도 잘하고
활발한 아이였으면 해요. 그런 아이들이
사회적응을 잘하는 것처럼 보이기 때문이에요.
하지만 아이가 조용한 성격이고 친구를
적극적으로 사귀는 성향이 아니더라도 그 성격을 바꾸기보다
있는 그대로 인정해주는 것이 필요해요.
아이가 엄마에게 인정받으려고 자신의 성격을 바꾸는 것은
스스로의 삶을 사는 것이 아니라 자꾸 다른 사람에게
인정받아야만 하는 강요된 삶을 요구하는 것과 같답니다.

역시 너는 멋져!

마흔여섯 번째 칭찬

자신이 예쁘다고 믿으면

예뻐진단다.

자신이 매력적이라고 믿으면

매력이 넘치게 되지.

네 성격이, 개성이, 외모가….

그 모든 것이 하나로 녹아들어

정말 최고로 매력적인 모습이 되는 거야.

너의 내면과 외면을 모두 아는 엄마는,

네가 정말 예쁘고 멋있다는 걸 알아.

엄마가 자식을 잘 품으면 아이에게는 전혀 문제가 없어요.
아이에게 너무 강요하지 말고 서두르지 마세요. 아이는 때가 있어요.
자연스럽게 드러나는 아이의 개성과 매력을 발견해주고
엄마와 아이가 함께 기뻐해주세요. 아이는 매일 좋은 생각과
따뜻한 말을 자양분으로 하루하루 자신의 삶을 키워나가는 중이랍니다.
엄마가 아이를 키우려고 서두르지 말고 잘 자라도록 지켜봐주세요.

네 삶에 단호해지렴

마흔일곱 번째 칭찬

엄마는 네가 다른 사람의 말을 잘 따르는
너무 착한 아이가 되지 않았으면 해.
네가 원하지 않는 것은 "싫어" "안 돼"라고
용기 있게 말했으면 좋겠어.

다른 사람에게 끌려가는 삶이 아니라
네 마음이 이끄는 삶을 만들어 가렴.

아이가 자신의 생각과 감정을
말로 표현할 수 있도록 이끌어주세요.
어렸을 때부터 단호하게 의사표현하는 방법을
몸에 익힌 아이는 성인이 되어서도 능동적인 삶을
살게 됩니다. 지나치게 의존적인 사람은
다른 사람으로부터 거절의 말을 들었을 때
쉽사리 받아들이지 못해 마음의 상처가 되곤 해요.

세상의 모든 생명을 존중하렴

마흔여덟 번째 칭찬

예쁘다고 꽃을 꺾지 마렴.

땅바닥을 기어 다닌다고 개미를 밟지 마렴.

나보다 키가 작다고 친구를 놀리지 마렴.

모든 생명은 존중받아 마땅하단다.

그들이 예쁘고, 예쁘지 않은 것은 중요하지 않아.

아이들이 생명의 가치를 존중할 수 있도록 작고 하찮은 것이라도
그 소중함을 알게 해주세요. 아이들은 어리기 때문에 욕심이 많아요.
더 갖고 싶어 하고 빼앗기기 싫어하죠. 그래서 친절함, 사랑, 존중과 같이
눈에 보이지 않는 가치들을 알려줄 필요가 있어요.
아이들은 다른 사람을 존중해야 한다는 것을 쉽게 잊어요.
그래서 엄마가 아이의 인성을 키워줄 수 있도록
좋은 말과 이야기를 많이 해주세요.

넌 엄마 아빠의 기쁨이야

마흔아홉 번째 칭찬

엄마는 행복한 가정에서 너를 키우고 싶어.
그래서 네 마음에 평화가 넘쳐났으면 해.
평온하고 풍요롭고 풍성한 마음의 평화.

아무리 강한 바람이 불어도
네 마음 안에는 평화가 자리 잡아서
그 어떤 변화에도 흔들리거나 낙담하지 않고
일어설 수 있도록 말이지.

엄마가 옆에 있어줄게.
행복한 우리집에서 함께 사랑을 꽃피우자.

아이에게 가족이라는 울타리가 곁에 있음을 알려주세요.
아이가 이 세상에서 혼자가 아니라는 사실을
느낄 수 있게 해주세요. 가족의 따뜻함과 사랑이
아이의 마음을 평화로 가득 채울 수 있어요.

맘껏 사랑하고 넘치게 사랑 받으렴

쉰 번째 칭찬

너의 자존감을 지키며
남을 배려할 줄 알고
사랑할 줄 아는 아이가 되렴.

사랑 받을 줄 알고
사랑할 줄 아는

사랑 가득한 아이가 되길
엄마가 응원할게.

네가 친구들을 사랑으로 대하면
친구들도 사랑을 네게 선물한단다.
사랑은 서로 통하는 거거든.

사랑을 믿고 엄마의 사랑을 느끼는 아이는 자신이
이 세상에서 혼자가 아니라는 사실을 알아요.
아이에게 사랑한다는 믿음을 심어주는 것은 그래서 중요해요.
그런 방법 중 가장 효과적인 것이 바로 아이에게
엄마의 사랑을 직접 표현하는 거예요.
사랑을 표현할 기회가 보이면 주저 말고 아이에게
칭찬과 응원의 말을 해주고 많이 껴안아 주세요.
엄마의 사랑 표현으로 자연스럽게
사랑을 베풀 줄 아는 사람으로 성장한답니다.

너에게는
특별한 재능이 있단다

쉰한 번째 칭찬

어떤 친구는 그림을 잘 그리고,
어떤 친구는 종이접기를 잘하고,
어떤 친구는 영어를 잘하고….

우리 아이는 무엇을 잘할까.
엄마는 매일매일 관찰하면서
너만의 특별한 재능을 찾았어.

우리 아이는 잠을 아주아주 잘자!
밤에 칭얼대지 않고
한 번 잠들면 절대 깨지 않는다니까.

잘 자고 일찍 일어나기 때문에

유치원에 늦은 적이 한 번도 없지.

엄마는 계속 너만의

특별한 재능을 찾아서 이야기해줄게.

또 기대해.

엄마에게 필요한 것은 아이를 믿어주는 마음이에요.
'그래 우리 아이 잘하고 있다.' 이렇게 긍정적으로
생각해주세요. 엄마가 '내 아이가 이랬으면 좋겠다'는
울타리를 쳐놓고 아이에게 그렇게 하라고 잔소리를 하는데,
그것은 아이를 위한 삶이 아니에요.
다른 아이와 비교하지 말고, 내 아이만의
특별한 재능을 잘 관찰해보세요.

너는 웃는 모습이 정말 예쁘구나

쉰두 번째 칭찬

친구들이 같이 안 놀아줘서 슬프지?

장난감 사달라고 했는데 엄마가 안 사줘서 화나지?

공부하기 싫은데, 계속 아빠가 공부하라고 해서 짜증나지?

웃을 기분이 아니어도 한 번 크게 웃어보렴.

네가 웃으려고 노력하는 순간 마법이 찾아오거든.

너는 웃는 모습이 정말 예쁘구나.

힘들어도 크게 웃어보렴.

너에게 수많은 행복이 함께할거야.

아이에게 "오늘 기분이 어떠니?'라고 자주 물어봐주세요.
아이들은 아직 자신이 어떤 감정을 느끼고 있는지
잘 모를 때가 많아요. 그래서 말을 하지 않거나 마음속으로만
속상해하는 경우가 있죠. 그러다보니 화나 짜증으로
표출되기도 해요. 아이에게 자신의 감정과 기분도 스스로
바꿀 수 있는 거라는 걸 알려주세요. 아이의 선택에 따라
즐거움과 행복의 선물을 얻을 수 있다는 것을 알려주세요.

다시 일어서는 법을 꼭 배우렴

쉰세 번째 칭찬

커가면서,

매번 즐거운 일만 있는 것은 아니란다.

넘어질 때도 있고

슬픈 일도 있고 힘든 일도 있어.

그래서 엄마는 네가
넘어졌을 때 일어서는 방법을 익혀뒀으면 해.
실망했을 때 다시 마음을 일으켜 세우는 법을,
친구와 싸웠을 때 화해하는 방법을
네가 배워나갔으면 해.

엄마 마음은 아이가 항상 행복하길 바라지만 마냥 행복할 수는 없죠.
세상을 살아가면서 슬픈 일, 괴로운 일,
화나는 일 등 갖가지 일을 겪게 될 수밖에 없으니까요.
그렇기 때문에 아이가 항상 행복하길 바랄 것이 아니라
행복하지 않은 일을 맞닥뜨렸을 때 잘 이겨낼 수 있는 마음을 키워주세요.
신체의 장애를 이겨내 많은 사람들에게 큰 용기를 준
헬렌 켈러는 이렇게 말했어요.
"태양을 볼 수 있는 사람은 행복하고,
볼 수 없는 사람은 불행한 것이 아닙니다. 중요한 것은 마음입니다.
마음속 빛을 잃지 않는 일입니다. 힘과 용기를 가지세요."
우리 아이에게도 마음속 빛을 잃지 않고
스스로 마음을 지켜나갈 수 있도록 이끌어주세요.

네가 생각한 방법이 아주 좋은데

쉰네 번째 칭찬

"엄마, 어디서부터가 하늘이에요?"

"외계인은 정말 있어요?"

"꽃은 어떻게 피는 거예요?"

네가 요즘 부쩍 궁금해지는 것이 많아지나 봐.

너의 호기심에 엄마는 박수를 보낸다.

그래, 세상에는 흥미롭지 않은 것이 없단다.

자꾸 호기심을 갖고 자주 질문하렴.

엄마와 재미있는 이야기를 나누자.

질문과 호기심은 아주 재미있는 놀이가 될 수 있단다.

아이가 호기심 어린 눈으로 인생을 바라보고
더 알고 싶어 한다면, 아이의 삶에 공허함이나 지루함은
찾아오지 않을 거예요. 호기심은 아이의 매일을 특별하게
만들어주고 더 나아가 지혜롭게 자라날 수 있도록 해준답니다.
아이가 지적 호기심을 느낄 수 있도록 질문으로 이끌어주고,
엄마와 자주 대화할 수 있는 시간을 마련해보세요.

오늘도 아프지 말고 행복하게!

쉰다섯 번째 칭찬

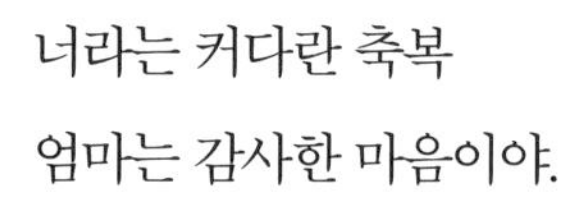

너라는 커다란 축복
엄마는 감사한 마음이야.

우리 아프지 말고
행복하게 즐겁게 살자.

엄마가 네게 주고 싶은 것은

커다란 장난감이 아니라
사랑의 마음과
행복한 웃음과 즐거움….

서두르지 말고
너만의 길을 만들어가며
우리 즐겁게 행복하게 살자.

행복이 어린 시절의 가장 중요한 요소임은 아무리 강조해도
지나치지 않아요. 행복은 어린 시절을 지속시키고,
아이가 어른이 되고 더 나이가 들어도 아이다움을 지켜주지요.
아이가 진정으로 아이일 수 있다면 그것은 커다란 축복입니다.
아이에게 사랑과 행복을 듬뿍 선물해주세요.

Mom's Note

글 땡스맘

10년 넘게 출판사에서 자녀교육 분야 담당 에디터로 근무하였으며, 현재는 프리랜서 작가로 활동하고 있습니다. 대표적인 도서로 스펜서 존슨의 〈부모〉, 앨빈 토플러의 〈청소년 부의 미래〉의 콘텐츠 기획을 담당하였으며, 다수의 콘텐츠를 통해 엄마와 아이를 위한 따뜻한 책의 편집 및 집필에 참여하였습니다. 여러 육아교육전문가들과 협업하면서 강의와 책 집필, 인터뷰 등을 연결하고 기획하고 있습니다.

텔레토비,
엄마의 칭찬 연습

1판 1쇄 인쇄 2018년 10월 5일
1판 1쇄 발행 2018년 10월 11일

원작 텔레토비
글 땡스맘

발행인 양원석
본부장 김순미
디자인 RHK 디자인팀 지현정, 김미선
해외저작권 황지현
제작 문태일
영업마케팅 최창규, 김용환, 양정길, 정주호, 이은혜, 신우섭, 유가형, 임도진, 김양석, 우정아, 정문희

펴낸 곳 ㈜알에이치코리아
주소 서울시 금천구 가산디지털2로 53, 20층(가산동, 한라시그마밸리)
편집문의 02-6443-8842 **구입문의** 02-6443-8838
홈페이지 http://rhk.co.kr **등록** 2004년 1월 15일 제2-3726호

ISBN 978-89-255-6485-2 (13590)

TUBBY
BYE BYE